AF324348

LETTRE

A

MONSIEUR DE CRUSE,

Conseiller d'Etat & Premier Medécin de S. A. I.
Monseigneur le Grand-Duc de toutes les Russes.

SUR LES OS FOSSILES

D'ÉLÉPHANS ET DE RHINOCÉROS

QUI SE TROUVENT DANS LE PAYS

DE

HESSE - DARMSTADT.

A Darmstadt,
de l'Imprimerie de la Cour & de la Chancellerie de S. A. S.
par le Facteur J. J. Will.
1782.

M ONSIEUR!

Lorsque notre ville eut l'honneur de pof-
féder pour quelques heures Son Alteffe Impériale,
votre augufte Maitre, je fentis la plus douce émotion à
la vue de ce Prince refpectable. Elle étoit le fruit d'un
fouvenir cher à mon cœur & l'effet de l'efpérance que
j'avois de revoir à fa fuite plufieurs perfonnes, qui,
par les bontés dont elles m'ont honoré autre fois,
feront toujours chères à ma mémoire. Cependant je n'eus
que la fatisfaction de voir un inftant Mr. de la Fermiere,
& j'appris avec douleur, que vous aviés paffé devant
nos murs fans entrer dans leur enceinte. Permettés
Monfieur, que fruftré du plaifir de vous préfenter de
vive voix les témoignages de la réconnoiffance, que
m'infpirera toujours le fouvenir de vos bontés, je vous
les offre ici publiquement comme un de mes devoirs
les plus facrés, dont je ne pourrai jamais que foible-
ment m'acquitter. Je me rappelle Monfieur auffi bien

A 2

peut

peut 'être que vous vous en fouvenés peu, que votre maifon fut pour moi une fource délicieufe, où je goutois les agrémens de la fociété la mieux choifie, en y puifant les connoiffances les plus inftructives. Je n'avois alors que des difpofitions & le defir d'apprendre ; j'étois loin encore de pouvoir apprécier à leur jufte valeur les rares collections de votre Cabinet. Maìs en les admirant elles me portérent à les étudier. Si cette étude fait aujourdhui le bonheur de ma vie, c'eft à vous Monfieur, que j'en ai l'obligation. J'en fais l'aveu ; recévés en l'hommage.

Quand je fçus, que vous approchiés de ce païs, je me hâtai à vous prouver, que dépuis j'ai un peu travaillé à réparer les torts que j'avois alors. Quoique je ne fois que fimple amateur de Minéralogie ; le hazard m'a affés favorifé pour faire quelques découvertes, qui ne feront pas, j'efpére, du nombre des inutiles. Je brulois du defir de profiter de vos lumieres fur les Bafaltes de la plus fingulière Criftallifation du païs de Hanovre, fur ceux du païs de Heffe-Caffel, fur les fcories & les Laves des environs de Francfort, fur ceux d'Andernach, & des fept Montagnes près de Bonn que le Chevalier de Hamilton a réconnu être des vraies pro-

ductions

ductions volcaniques, & dont j'ai de toutes une ample Collection.

Je m'attendois furtout de jouir de votre étonnement, quand je vous aurois montré une Tourmaline qui a fes Poles attractifs & répulfifs & qui a été trouvé dans les environs de Francfort. Aiéz la bonté, Monfieur, d'en parler à Mr. d'Aepinus, le premier auteur en Allemagne qui nous ait inftruit fur les proprietés particulières de ce minéral, & à qui je me referve d'en envoier une défcription fcientifique, s'il veut bien me le permettre.

Mais le fait le plus important de l'Hiftoire Naturelle, fur le quel je me propofois de m'entretenir avec vous, eft celui qui n'eft presque commun qu'à ce Païs ci, & à la vafte Sibérie.

Croiriés vous Monfieur, que cette partie du Païs de Heffe - Darmftadt qu'on appelle le Haut Comté de Cazenellenbogen fourmille d'Os d'Eléphans, & ce qui plus eft, d'Os de Rhinocéros. Je pofféde une tête de ce dernier animal dans toute fa grandeur, & qui eft à peu près aufli bien confervée, que celle dont Mr. Pallas

A 3

fait

fait la defcription dans le XIIIme Tome des Commentaires de Votre Académie.

Ce morceau eft d'autant plus précieux, quil eft le feul de cette beauté dans toute l'Allemagne, & dans le refte de l'Europe. Les Os de Rhinocéros confervés dans le Cabinet de Mr. Hollmann à Gœttingen, & déterrés dans le païs de Hanovre, ne confiftent qu'en débris de quelques Condyles de l'Occiput, des Vertèbres, des Humerus, des Tibia &c. qui font tous très mutilés. Il n'y a qu'une fimple dent molaire qui fait à mon avis l'article le plus fingulier, & le plus rare de toute la Colleftion.

Si je ne me trompe, il me femble, que le feul refte d'une tête de cet animal, confervé dans les annales de l'hiftoire naturelle de l'Allemagne, eft celui qui fut trouvé près de Quedlinbourg, mais qui ne contient qu'une partie de la voute nafale, avec un morceau du Vomer. (*) Aiés la bonté Monfieur, de jetter un coup d'œil fur la planche I. où vous trouverés la tête deffinée en face & en profil. Vous découvrirez d'abord que la partie fupérieure eft toute entière excepté

l'Os

(*) Voi. *Befchäftigungen der Berlinifchen Gefellfchaft naturforfchender Freundt.* 2ter Band. pag. 340.

l'Os Zygomatique, & un petit coin de la voute nafale du coté droit. Dans le Profil, qui eft pris du côté gauche on ne voit qu'une partie de l'os vomer emporté & les apophyfes ftyloides & maftoides endommageés dans leurs extrémités. Sans ces manquemens elle refembleroit parfaitement à celles, qui font décrites par Mr. Pallas, auxquelles il manquent, auffi bien qu'a celle ci, les dents & la machoire inférieure. Vous vous rappellerés fans doute, Monfieur, que dans la vafte collection de l'Académie de Pétersbourg, il n'y a qu'une tête de cet animal, qui foit encore ornée de ces dernières parties fi faciles à être endommagées.

Cette tête me fut d'abord préfentée comme un morceau indéchiffrable, & il y avoit des perfonnes, qui crûrent qu'elle étoit d'un Eléphant. Vous voiés bien, Monfieur, que la circulation des connoiffances eft encor bien plus rare dans de certaines parties de l'Allemagne que celle des Efpèces. Des Médécins même prouvèrent, qu'elle appartenoit à un poiffon à caufe de la petite capacité du cerveau, & du trou occipital, dont l'emplacement, tout particulier à leurs yeux, quoique très ordinaire, devoit indiquer la direction de l'épine dorfale prefque horizontale, comme

dans

dans le Poiſſon. Ce Cétacé, ſuivant eux, avoit remonté le Rhin, & poſé naturellement ſon cadavre dans nos marais. Le grand argument ſervil contre tout quadrupede de cette grandeur là, étoit toujours celui: D'où viendroit il ici?

Cependant je vis d'abord par la conformation de tous ſes os, qu'il devoit être rangé dans la claſſe des Mammalia de Linné, quil avoit beaucoup de rapport avec le cochon ou le ſanglier, & je fus frappé de ſon caractére diſtinctif, qui eſt celui de la voute naſale ſolide dans toute ſa convexité. J'eus encore une legère empreinte des beaux reſtes que javois vû dans le Cabinet de vôtre Académie, & à peine eu - je commencé à le deſſiner, que toute la forme de l'animal ſe préſenta à mon imagination. Je fis les recherches néceſſaires dans les livres qui traitent des os foſſiles, & à peine eu-je ouvert le XIIIᵐᵉ Tome des Commentaires de votre Académie, qui contient la deſcription de Mr. Pallas, que je crus que le deſſein que j'y trouvois, avoit été volé de mon Portefeuille. Je pris pour guide dans l'analyſe de ce morceau la docte deſcription de cet homme célèbre, & ce n'eſt que ſous des auſpices auſſi reſpectables, que j'oſe vous en rendre compte.

Compa-

La longueur de toute la tête, prife par le milieu, eft de 31 pouces de Paris, mefurée par un fil pofé fur toutes les convexités du Contour. On n'y appercoit plus la moindre trace des futures, ainfi il eft impoffible d'indiquer précifement les bornes de chaque partie, dont le crane doit être compofé. Ce qui frappe le plus le fpectateur à la prémiere vue de cet animal, c'eft la voute nafale toute folide, & divifée au milieu par cette cloifon offeufe, qui defcend perpendiculairement, & ne fait qu'un os avec le Vomer. Je ne fais pas, fi cette derniere qualité fe trouve dans les cranes des Rhinocéros d'aujourdhui, comme dans ces foffiles, mais ce bout du nés folide & offeux le diftingue furement de tous les autres animaux.

La Boëte du crane préfente quatre faces, la fupérieure qui forme le front, les deux laterales extrémement excavées, compofées des os pariétaux & temporaux, & la dernière formée par l'os occipital. Cette dernière face, la plus variée de toutes, s'élève en arrière (*voi.* le Profil dans la fig. 1. Pl. II.) & la bafe *a c* du triangle *a b c* qui en nait, eft au moins de 4" 3‴ de Paris. Suppofons encor un autre triangle équilateral (fig. 2.) en pofant la regle fur les deux extrémités de

B

cette

cette face poſtérieure, laquelle diſtance formera ſa baſe *a b*, & les deux côtés finiront à la petite ouverture C. au deſſus du trou occipital.

Permettez moi encore, Monſieur, de m'arrêter un moment ſur les grandes variations qu'on découvre dans cette face poſtérieure. Sa ſommité qui forme le contour du front, eſt le ſegment d'un cercle dont le centre ſe trouvera placé dans la petite ouverture C au deſſus du trou occipital. Au deſſous de ce ſegment il y a des deux côtés des concavités aſſés fortes, qui ſe joignent, & forment au milieu une convexité, qui avance jusq'au deſſus de cette petite ouverture C. Des deux côtés de la direction des apophyſes maſtoïdes & ſtyloïdes il y a des excavations encore plus profondes, comme à l'endroit *x*, & à celui qui y répond de l'autre côté, mais qui ſe perdent inſenſiblement par en bas.

Après avoir analyſé toutes les propriétés de cette face poſtérieure, examinons encore les parties eſſentielles dont elle eſt compoſée. Le deſſein marque aſſés bien la forme du trou occipital. Son diamétre horizontal eſt de $2''$ $3'''$; le diamétre perpendiculaire de $2''$. La diſtance d'une extrémité des deux condyles à l'autre eſt de $6''$ $6'''$.

Dans

Dans les faces laterales on decouvre d'abord les apophyfes maftoïdes et ftyloïdes. Pour les voir comme il faut, aiés la bonté Monfieur de regarder le Profil de la Pl. I. Elles font rompues par leurs extrémités, ainfi on ne fçaura rien dire de leur figure exacte, mais leur pofition eft bien deffinée. L'apophyfe ftyloïde ne forme qu'un os avec la maftoïde, mais elle eft fituée plus en dedans du crane; je le dis exprés pour qu'on ne la prenne pas pour une apophyfe de l'os zygomatique, deftinée pour retenir la machoire inférieure, comme on pourroit être feduit à le croire en fe fiant à la figure de la Planche II, que je declare trés mal deffinée. Au deffus vous decouvrés le trou du conduit auditif.

Les os zygomatiques (fig. 3 Pl. II.) font à l'endroit (e) d'une forme presque triangulaire, après ils deviennent plus minces, à l'endroit (f), & depuis ils commencent à reprendre une forme irrégulierement tetraedre & s'épaiffiffent toujours jusqu'à ce qu'ils atteignent les orbites.

Ces orbïtes font par tout ouvertes. Dans la partie poftérieure de chaque orbïte en haut on découvre

B 2

deux

deux ouvertures. Celle au deſſus, à juger par l'endroit, où elle perce l'intérieur du crane, doit être le paſſage d'un nerf de la troiſième paire. Celle au deſſous eſt ſans contredit le trou ſpheno-palatin. Plus bás tout à fait au fond ſe cache le trou optique ſous une lame oſſeuſe. Vis à vis dans la partie antérieure de l'orbite, droit ſous les canaux lachrymaux eſt ſitué le trou, par où repaſſe la ſeconde branche de la cinquieme paire, qui ſort enfin par le trou ſous-orbitaire, près des narines, aſſés bien marqué dans la figure du profil de la Pl. I.

En régardant la baſe, l'on appercoit fig. 3. Pl. II. à l'endroit (m) les trous condyloïdiens antérieurs par lesquels ſortent du crane les nerfs, appellés communément la neuvième paire, ou paire linguale. Les trous dechirés, par lesquels paſſent la veine jugulaire & les nerfs de la huitième paire, ſont enormément grands, quoique mal repreſentés dans cettte figure. Plus avant on découvre encore les trous ovales, ou maxillaires inferieurs, qui ſervent de paſſage à la troiſième branche de la cinquième paire. Voilà tous les trous, que jai pû decouvrir à la baſe de ce crane, depuis le trou occipital jusqu'aux trous ovales, & je laiſſe aux connoiſ-

ſeurs

feurs de l'anatomie comparée, à decider, par où doivent fortir les nerfs des autres paires.

Je ne vous dirai rien, fur le palais, & les dents, cette partie etant toute emportée. Des alveoles il n'ya que les traces de la dernière dent molaire des deux côtés. La cloifon offeufe qui fepare les narines eft très endommagée. Il fuffit ici de remarquer, qu'elle a environ fix lignes d'épaiffeur en haut, où elle prend fon origine, qui diminue jufquà deux lignes en bas.

Tout l'os de cette tête eft affés liffe & poli, furtout dans les côtés entre les narines & les orbites, les os latéraux de l'occiput, & tout le refte du front excepté les endroits, où les deux cornes pourroient avoir fubfifté, qui font plus raboteux. Cependant il ne refte presque point d'indices de leur forme & du vrai endroit de leur infertion. Sur l'extremité de la voute nafale, où la grande corne a dû être, on voit des deux côtés quelques incifions demi circulaires, mais qui ne font pas bien continuées. Tout à fait fur le devant il y a une efpèce de crête longitudinale, qui reffemble à une future groffiérement faite. A l'emplacement de la fe-

B 3

conde

conde corne on voit des deux côtés des reftes de l'infertion de quelques veines, de la figure d'un y.

Permettéz moi, Monfieur, que je vous dife en deux mots, que ce morceau rare & unique pour ce Païs, a été trouvé dans le Bailliage de Dornberg, auffi bien que la plupart des reftes des os d'Eléphans dont vous voudrez bien que je vous faffe la défcription. Nous parlerons, dans la fuite plus particuliérement de l'endroit précis, où chaque morceau à été déterré, ainfi que de la nature du fol, qui lui a fervi d'afyle.

1) Le premièr & le mieux confervé, eft une Omoplate, ou *Scapula* dans toute fa Longueur. Elle peut appartenir à l'Eléphant, par rapport à fes dimenfions, quoique fa figure en différe un peu, & elle doit être du côté gauche.

Toute la longueur de cette Omoplate dépuis le milieu de fa cavité glénoide jusqu'a l'extrémité oppofée, eft de 2 pieds. Le grand diamétre de cette cavité eft de 7″, le petit du milieu de 4″. Nous nommerons bafe le plus grand des trois côtés, les deux autres,
le

le côté poftérieur, & l'antérieur. Ces deux côtés font ainfi appellés, parceque l'un eft fitué antérieurement à l'Epine, qui les fepare, & l'autre poftérieurement.

L'Épine de l'Omoplate dont il eft queftion, eft prefque entiérement confervée, excepté l'extrémité de fa crête qui eft limée. Un fil pofé tout de fon long, mefurera un pied 7″. - L'apophyfe par la quelle elle finit, & qui reffemble à un bec d'oifeau, eft très bien confervée. Elle eft trop petite pour être d'un Elephant, & fa forme en différe auffi, étant trop recourbée. L'apophyfe laterale n'y eft pas non plus, quoiqu'elle pourroit être emportée, vû que cet endroit a fouffert. La hauteur de l'Epine, à l'endroit le plus élevé, eft de 4″ 6‴. Je ne puis pas bien indiquer la forme de la Crête, parcequ'elle eft limée, mais elle me paroit triangulaire à l'endroit le plus élevé, & fon épaiffeur eft de 2″. Delà elle devient plus mince jufqu'à la pointe de l'apophyfe. Le côté antérieur eft le plus endommagé, parcequ'il eft le plus mince; on n'en voit que quelques reftes. Le côté poftérieur eft le plus court, il ne mefure que 9″ dans toute fon échancrure,

&

& fon angle eft très faillant, ce qui fait que cette partie de l'Omoplate fituée derriere l'épine a plus du tri-
ple de largeur, que celle qui eft devant. Il ne manque qu'environ un pouce à ce côté poftérieur pour finir
l'angle. Mais le bord de la bafe eft très endommagé,
ce qui s'oppofe à ce qu'on puiffe défigner fa mefure
dans toute fa circonférence.

2) Le fecond eft un Humerus, auffi du côté gauche, qui eft très endommagé. Il eft bien facheux, que
ce foit précifément fa partie fupérieure qui lui manque, ce qui empêche qu'on puiffe l'adapter à la cavité glénoide de l'Omoplate précédente, pour voir s'il
n'appartient pas au même animal. Cependant on ne
fauroit plus en douter, vû que les deux piéces ont été
trouvées enfemble, qu'elles fe conviennent, par leurs
dimenfions, & que la couleur de la fuperficie eft la
même. Il manque donc la tête, la partie moienne
eft fendue, & les deux piéces rompues fe joignent à
la cavité qui eft entre les deux condyles, le grand &
le petit. Toute la longueur de la pièce eft de 2
pieds. Depuis le milieu des deux condyles jusqu'à
fa partie moienne la plus mince, il y a 1' 1'' d'eloig-
nement

nement. L'épaiſſeur à cet endroit de la partie moienne eſt de 3" 6"'. Sa largeur eſt à peu prés la même.
La circonference eſt d'un pied 7"'. L'angle depuis
le petit condyle eſt très ſaillant jusqu'à la partie moienne, & cette partie inférieure n'a pas moins de largeur que de 8". Au bout des condyles cette largeur
diminue un peu, n'étant que de 7" 3"'. La cavité
entre les deux condyles a d'un côté 4", de l'autre
côté, 3" 4"' de diamétre. La partie moienne eſt ap-
platie des deux côtés, ceſt à dire du devant, & du
derrière.

Le bord qui répond au grand condyle eſt convexe, & ſon contour n'eſt pas bien échancré. Le
bord oppoſé eſt terminé des deux côtés, d'en haut
& d'en bas, par une épine produite par la jointure
des deux parties applaties, & dont le contour eſt d'une
convexité fort ſaillante.

L'épaiſſeur du grand condyle eſt de 5" 3"';
celle du petit 4".

4) Un Os Femur, d'une grandeur énorme. Il
lui manque les deux trochanters de la tête, & les
deux condyles de l'extrémité inférieure. Il a deux
pieds 2" dans ſa plus grande longueur. En bas on
voit encore un commencement de la cavité entre les
deux condyles.

C

Du

Du côté interne fon contour eft a peu prés tout droit. En haut contre les trochanters il préfente une face de deux pouces d'épaiffeur. A un tiers de la hauteur, prife d'en haut, il y a un trou du diamétre de 3‴ qui avance bien dans l'intérieur, & depuis ce point, le contour forme deux cotés, qui fe joignent dans une arête affés mouffe, mais qui difparoit entiérement contre les condyles. Le côté externe commence d'en haut par une face de 2″ d'épaiffeur, jufqu'au milieu, ou il y a une arête fort vive qui avance comme un gras de jambe jusqu'au condyle oppofé.

Par devant & par derriere cet os eft applati dans fes parties moienne & fupérieure. Environ au milieu du corps il commence à prendre une convexité affés legére des deux côtés.

5) Un os Fémur reffemblant au premier dans fa conformation, mais d'un bon tiers plus petit.

6) Une défenfe d'Elephant de deux pieds 8″ de longueur. Elle eft courbée en haut, & à côté de celà on remarque d'un bout une petite courbure en dehors, & une autre en dedans de l'autre bout. Cette piéce fait le milieu de la défenfe, car on ne voit prefque point de diminution dans la circonférence. L'écorce en eft presque faine encore, & d'un jaune brunâtre. Mais l'ivoire eft tout à fait changé en une fubftance

cal-

calcaire , quoique la forme en foit encore confervée dans fes différens cercles, comme on les voit quelquefois détachés dans la fubftance qui n'eft pas encore alterée.

7) Autre défenfe d'Eléphant de 4 pouces de long & faifant partie du bout antérieur. L'ecorce en eft calcinée mais l'ivoire eft confervée, quoique fes cercles foient féparés.

8) Un os Ifchion du côté gauche. Cette pièce donne une idée élévée de la grandeur de l'animal, au quel il a appartenu & qui ne peut être qu'un Eléphant. Comme les apophyfes de la plupart des os manquoient, jai été extrêmément circonfpect à en donner les dimenfions. Je les ai plutôt prifes trop petites que trop grandes, de peur de m'éloigner trop de celles de Mr. d'Aubenton ou de Mr. Perrault. Mais comme la cavité glénoïde de l'Omoplate, & la cavité cotyloïde de cet os Ifchion font parfaitement confervées dans leurs bords, on peut prendre leurs dimenfions pour bafe de toutes les autres, & conclure de là quelle étoit la taille entiére de l'animal. Cette cavité cotyloïde mefure d'un bout de l'échancrure du bord, qui donne dans le trou ovalaire, jusqu'au côté oppofé 7″, ce qui fait fon grand diamétre. Le petit différe de celui-ci de 6‴. Sa plus grande profondeur eft près de l'échancrure. Le grand diamétre du trou ovalaire eft de 8″. La vraie branche

exter-

externe qui forme la moitié du contour intérieur de
ce trou, eft confervée jusqu'à l'endroit où ce diamétre
finit. L'autre branche interne eft rompue toute entiere.
Outre le corps, qui contient la cavité cotyloïde il ne
refte rien, qu'une partie de la grande apophyfe poftérieure, qui defcend en arrière, & qui eft toute parti-
culière à l'Eléphant. Elle commence au côté oppofé
de l'échancrure du trou ovalaire, fon contour échancré
forme un fegment de cercle de 10" 6''' de longueur,
dont le raion fera placé à 5" 3''' de cette ligne.
Cette grande échancrure a, dans fon commencement, une
autre petite gouttiere de 2 pouces de long, avant que de
former le grand contour de ce fegment dont nous ve-
nons de parler. Je ne faurois défigner la ligne que
cette apophyfe décrit, à méfure qu'elle avance d'avan-
tage, vû qu'elle eft rompue obliquement, au bout du
dit fegment.

Vous fçavez, Monfieur, que les os foffiles d'E-
léphans qu'on a trouvé en Amérique & en Sibérie
furpaffent de beaucoup en énormité ceux des fquelettes,
qu'on conferve dans les Cabinets de l'Europe. Ainfi
ne partons pas de cette obfervation, pour en inférer,
que ces os appartiennent à un animal inconnu, encore
plus immenfe, mais que le principe de Mr. de Buffon
s'en trouve conftaté de nouveau, qui veut, que les
ani-

animaux des tems reculés, dont les reftes fe trouvent par tout foffiles, aient été d'une force, & d'une taille étonnante, entierement dégénerée dans les fiècles fuivans.

9) Un Coude d'Eléphant. Ce morceau eft le plus maltraité de tous. Il eft en trois piéces. Quoique les apophyfes des deux extremités manquent entiérement, il a plus de 2 pieds de long. Il s'élargit extrémement en bas, où il touche le carpe. Il a trois faces irrégulieres, l'une convexe & les deux autres qui fe joignent au milieu, & forment une épine oblique.

10) Une dent molaire d'Eléphant (*). Elle eft mutilée. Par derrière elle eft bien confervée, & revetue entiérement d'une lame d'émail. Comme elle eft rompue par devant, on ne peut pas juger de fa longueur. Elle a encore 5 plaques verticales, qui font très bien confervées dans toute leur longueur jufqu'en bas. Chacune de ces plaques eft compofée de deux lames de fubftance d'émail, de l'épaiffeur d'une ligne. Ces plaques font très convexes aux deux bouts, & forment des efpeces de racines, qui defcendent comme un doigt légèrement courbé. La diftance de ces plaques eft environ de 4 lignes, & celle des lames de 2$'''$. La fubftance offeufe, qui remplit l'efpace entre les lames & les pla-

C 3

ques

(*) Je poffède une dent molaire, trouvée dans les environs de Francfort fur le Mayn, exactement reffemblante à celle d'un Hippopotame deffinée dans le I. Tom. des Epoques de la Nat. de Mr. de Buffon Pl. III.

ques eſt entiérement changée en une terre calcaire. La ligne droite de ces plaques eſt du bout de la couronne jusqu'en bas, de 2ʺ de longueur. Toute la hauteur de la dent peut avoir eu 4ʺ.

11) Une tête *d'Urus* avec les deux cornes. J'oſe donner ce nom à une énorme tête de bœuf qui à été trouvée dans le même endroit avec les autres reſtes. Céſar parle de ces *Urus* dans ſes commentaires, comme d'animaux d'une grandeur & d'une force inouie. Les cornes ſont très bien conſervées, & il y a encore en ligne droite, d'une de leurs extrêmités à l'autre une diſtance de 3 pieds 9 pouces, & ſuivant les proportions la diſtance réelle a été de 4 pieds 6 pouces. Leur direction avance en arrière environ à un tiers de leur longueur, jusqu'à ce qu'elle atteigne la ligne horizontale de l'occiput, dezlors ces cornes retournent en avant, & tendent en haut, en s'éloignant toujours l'une de l'autre. Elles ont des ſillons longitudinaux, qui, ſurtout par derrière, produiſent des crêtes fortes, entre les quelles il y a jusqu'à 3ʺʹ de diſtance. Il n'eſt queſtion ici que de la ſubſtance oſſeuſe, la corne extérieure étant toute emportée. Elles ſont très épaiſſes dans leur baſe, qui n'a pas moins de circonférence qu'un pied 1ʺ 6ʺʹ. Il n'y a rien que l'occiput jusqu'aux orbites de conſervé. Pour juger de la largeur du front, on n'a
qu'à

qu'à en éxaminer les mefures.   Il y a du milieu d'une
orbite jusqu'à la future frontale 7″ ainfi toute la diftance entre les deux orbites, eft 1′ 2″.   De la bafe d'une
corne à l'autre il y a 1′ 4″.   La largeur de l'occiput
au deffus du trou occipital eft de 10″ 6‴; La hauteur
eft de 6″.   Le diamétre perpendiculaire du trou occipital eft de 1″ 7‴.

Après avoir parcouru la lifte de ces Os fofliles,
qui font tous partie de ma propre collection, excepté une
feule, permettés moi, Monfieur que je vous dife encore deux
mots fur le fol & fur l'endroit où on les a trouvés. Hors
la défenfe & la dent molaire d'Eléphant, tous les autres
morceaux ont été péchés dans un banc de Gravier fur les
bords du Rhin près d'*Frfelden*, l'endroit le plus élevé du
païs bas, que nous appellons le *Ried*, & qui fait le Bailliage de *Dornberg* (*).

La Grande defenfe d'Eléphant a été trouvé à Nie-
derbeerbach, village fitué derriere les montagnes de Gra-
nit,

(*) Ce font les ouvriers emploiés à raccomoder les digues du Rhin, qui les
ont pêché avec les outils dont ils fe fervent à fortir le gravier à dix ou
douze pieds de profondeur fous l'eau.   A entendre les recits des témoins
oculaires fûrs, on eu a trouvé des reftes encore plus précieux, entre-autres
toute l'épine dorfale, des dents molaires très grandes &c.

Le Sol, où fe dépofe ce gravier, compofé de toutes fortes de pierres,
eft comme tout le païs du Ried, une terre argilleufe très forte melée d'aucun
fable.   Quoi-que ce païs foit habité dépuis un tems infini, il a été très
marécageux, il y a environ 150 ans & avant qu'on le faigna par un grand
foffé qui conduit fes eaux dans le Rhin.

nit, qui compofent la *Bergftraſſ*, ou la *Route des montagnes*, & la dent molaire m'a été apporté de Hochſtaedten à deux lieues de là, village près d'Auerbach, & ſitué à peu près dans la même direction.

Excufés, Monſieur, la longueur de mon récit. L'importance des faits doit plaider pour le peu de mérite **du** narrateur.

Agréés les aſſurances du refpect le plus profond avec lequel j'ai l'honneur, d'être

MONSIEUR

Votre très humble & très obéïſſant Serviteur

Darmſtadt le 31 d'Août
1 7 8 2.

J. H. Merck

Confeiller de Guerre de **S. A. S.**
Monſeigneur le Landgrave de Heſſe-Darmſtadt.

---

pag. 12. lin. 1. lifés *largeur* au lieu de *longueur*

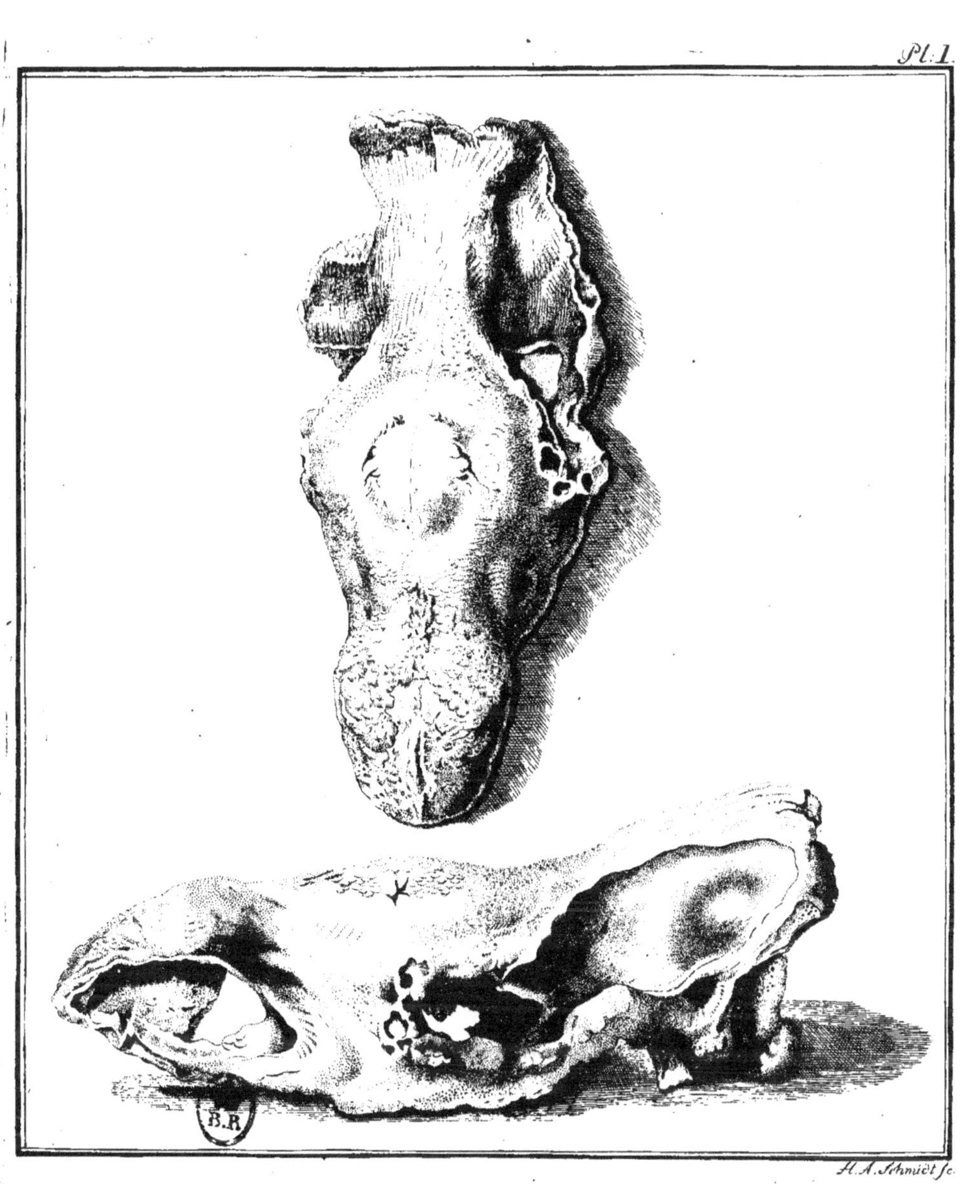
B.R
H. A. Schmidt sc.

Pl. II.

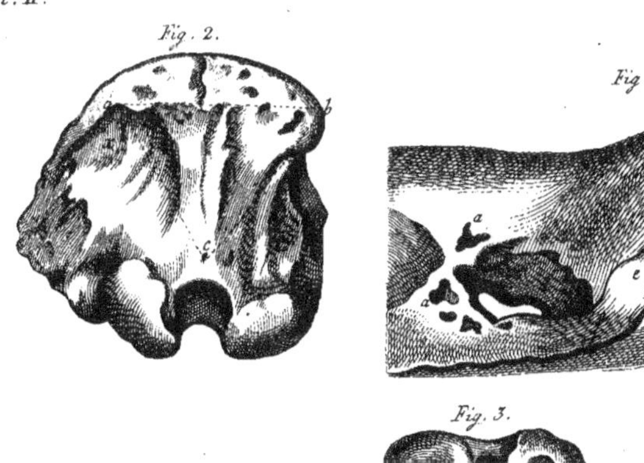
Fig. 2.
Fig. 1.
b
n
a
e
c
b
c

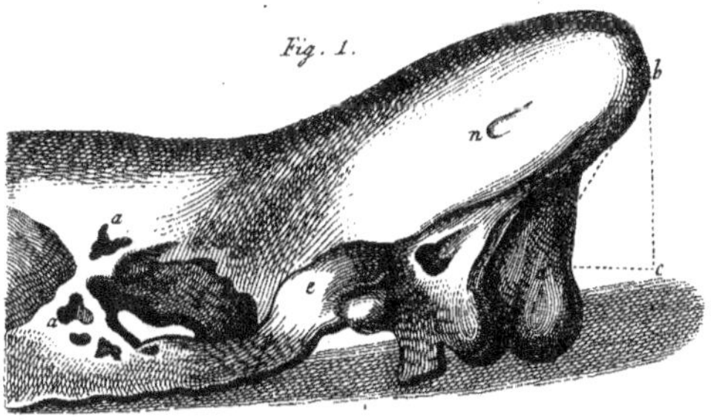

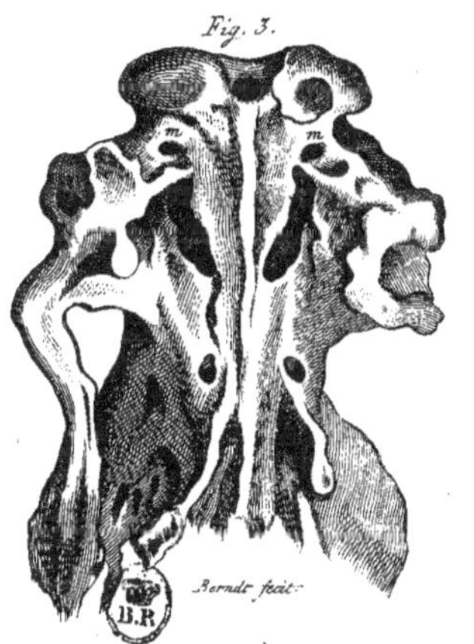
Fig. 3.
m
m
B.R
Berndt fecit.